Sitzungsberichte der Heidelberger Akademie der Wissenschaften

Mathematisch-naturwissenschaftliche Klasse

Die Jahrgänge bis 1921 einschließlich erschienen im Verlag von Carl Winter, Universitätsbuchhandlung in Heidelberg, die Jahrgänge 1922—1933 im Verlag Walter de Gruyter & Co. in Berlin, die Jahrgänge 1934—1944 bei der Weißschen Universitätsbuchhandlung in Heidelberg. 1945, 1946 und 1947 sind keine Sitzungsberichte erschienen.

Ab Jahrgang 1948 erscheinen die „Sitzungsberichte" im Springer-Verlag

Inhalt des Jahrgangs 1949:

1. H. Maass. Automorphe Funktionen und indefinite quadratische Formen. DM 3.60.
2. O. H. Erdmannsdörffer. Über Fasergranite und Böllsteiner Gneis. DM 1.20.
3. K. H. Schubert. Die eindeutige Zerlegbarkeit eines Knotens in Primknoten. DM 2.80.
4. K. Holldack. Grenzen der Herzauskultation. DM 4.20.
5. K. Freudenberg. Die Bildung ligninähnlicher Stoffe unter physiologischen Bedingungen. DM 1.—.
6. W. Troll und H. Weber. Morphologische und anatomische Studien an höheren Pflanzen. DM 7.80.
7. W. Doerr. Pathologische Anatomie der Glykolvergiftung und des Alloxandiabetes. DM 9.80.
8. W. Threlfall. Knotengruppe und Homologieinvarianten. DM 1.50.
9. F. Oehlkers. Mutationsauslösung durch Chemikalien. DM 3.80.
10. E. Sperner. Beziehungen zwischen geometrischer und algebraischer Anordnung. DM 3.—.
11. F. Heller. Ursus (Plionarctos) stehlini Kretzoi. DM 4.80.
12. W. Rauh. Klimatologie und Vegetationsverhältnisse der Athos-Halbinsel und der ostägäischen Inseln Lemnos, Evstratios, Mytiline und Chios. DM 10.50.
13. Y. Reenpää. Die Schwellenregeln in der Sinnesphysiologie und das psychophysische Problem. DM 1.60.

Inhalt des Jahrgangs 1950:

1. W. Troll und W. Rauh. Das Erstarkungswachstum krautiger Dikotylen, mit besonderer Berücksichtigung der primären Verdickungsvorgänge. DM 13.40.
2. A. Mittasch. Friedrich Nietzsches Naturbeflissenheit. DM 8.80.
3. W. Bothe. Theorie des Doppellinsen-β-Spektrometers. DM 1.90.
4. W. Graeub. Die semilinearen Abbildungen. DM 7.20.
5. H. Steinwedel. Zur Strahlungsrückwirkung in der klassischen Mesonentheorie. — Die klassische Mesondynamik als Fernwirkungstheorie. DM 1.80.
6. B. Haccius. Weitere Untersuchungen zum Verständnis der zerstreuten Blattstellungen bei den Dikotylen. DM 6.20.
7. Y. Reenpää. Die Dualität des Verstandes. DM 6.80.
8. Petersson. Konstruktion der Modulformen und der zu gewissen Grenzkreisgruppen gehörigen automorphen Formen von positiver reeller Dimension und die vollständige Bestimmung ihrer Fourierkoeffizienten. DM 9.80.

Sitzungsberichte
der Heidelberger Akademie der Wissenschaften
Mathematisch-naturwissenschaftliche Klasse
Jahrgang 1967, 2. Abhandlung

Der Differentialmodul eines lokalen Prinzipalrings über einem beliebigen Ring

Von

Hans Hirt
Heidelberg

(Vorgelegt in der Sitzung vom 3. Dezember 1966)

Heidelberg 1967
Springer-Verlag

ISBN-13: 978-3-540-03977-8 e-ISBN-13: 978-3-642-46098-2
DOI: 10.1007/978-3-642-46098-2

Titel-Nr. 6724

Der Differentialmodul eines lokalen Prinzipalrings über einem beliebigen Ring

HANS HIRT

Einleitung

Ein bekannter Satz der algebraischen Zahlentheorie sagt aus, daß in der Dedekindschen Differente eines algebraischen Zahlkörpers ein Primideal $\mathfrak{P}$ entweder, falls der Verzweigungsexponent e von $\mathfrak{P}$ durch die Charakteristik p des Restklassenkörpers unteilbar ist, genau in der $(e-1)$-ten, oder, falls e durch p teilbar ist, mindestens in der e-ten Potenz aufgeht.

Zum Zwecke der Verallgemeinerung dieses Satzes hat KÄHLER in [*1*] die Dedekindsche Differente durch die sog. „Kählerschen Differenten" ersetzt, die für einen beliebigen Ring R über einen beliebigen Unterring P definiert sind. Für die Untersuchung setzte KÄHLER voraus, daß R und P lokale Prinzipalringe sind und der sog. „Kählersche Differentialmodul" $M = M(R/P)$ endlicher R-Modul ist. Die Kählerschen Differenten ergeben sich als Produkte der Elementarteiler des Moduls M; das Produkt aller Elementarteiler stimmt in diesem Falle mit der Dedekindschen Differente überein, falls diese existiert.

KÄHLER schätzte das Produkt und die Anzahl der Elementarteiler $\neq R$ ab. Er stellte fest, daß diese Anzahl gleich ν_0 oder ν_0+1 ist, wobei ν_0, wenn der Restklassenkörper von R über dem von P separabel ist, den Transzendenzgrad, sonst den p-Grad dieser Körpererweiterung bedeutet.

Um diese Ergebnisse zu verbessern, führte F. K. SCHMIDT (unveröffentlicht) die Verzweigungsexponenten e_i von P bezüglich der Ringe $PR^{p^i} = P[R^{p^i}]$ ein. Vorliegende, auf diesen Gedanken basierende, Arbeit zeigt, daß die Abschätzung der Elementarteiler ohne jede Zusatzvoraussetzung (z.B. an die Restklassenkörper) möglich ist und nur für den letzten Elementarteiler ein etwas schwächeres Resultat liefert, wie z.B. im Falle einer endlich erzeugten Erweiterung der Restklassenkörper. Es ergab sich hier die Notwendigkeit, eine neue Invariante e^* einzuführen. Die verbleibenden Voraussetzungen (R lokaler Prinzipalring, $M(R/P)$ endlich) sind offenbar durch die Problemstellung gegeben.

In dieser Arbeit werden die Definition und die grundlegenden Eigenschaften des Kählerschen Differentialmoduls als bekannt vorausgesetzt. Sie sind etwa im Kapitel I der Arbeit [3] oder in [2] nachzulesen.

Wesentlich benutzt wird vor allem [3], Satz 3, der ein Konstruktionsprinzip für den Differentialmodul einer beliebigen Ringerweiterung gibt.

Da die Arbeit [5] wohl nicht überall erreichbar ist, seien hier kurz die drei benutzten Sätze aufgeführt:

Die Charakteristik der auftretenden Körper sei stets $p>0$.

Prop. 5. Sei L separabel erzeugt über K (d.h. es existiert eine separierende Transzendenzbasis). Dann ist p-Grad (L/K) = Transzendenzgrad (L/K).

Prop. 9. Sei L ein separabler Oberkörper von K von endlichem Transzendenzgrad. L ist genau dann separabel erzeugt über K, wenn Transzendenzgrad $(L/K) = p$-Grad (L/K).

Prop. 10. Sei L ein separabler Oberkörper von K von endlichem Transzendenzgrad. L ist genau dann separabel erzeugt über K, wenn für ein geeignetes System $\{t\}$ von über K algebraisch unabhängigen Elementen und für eine gewisse nichtnegative ganze Zahl j gilt:

(Jedes Element von) L^{p^j} ist separabel algebraisch über $K(\{t\})$.

Ich danke Herrn Prof. F. K. Schmidt für seine wertvolle Hilfe bei der Abfassung dieser Arbeit.

Vorbemerkungen und Hilfssätze

Betrachtet wird ein prinzipaler lokaler Ring (diskreter Bewertungsring) R mit Primideal $\mathfrak{P} = (\Pi)$, Quotientenkörper K und Restklassenkörper $\mathfrak{K}$ der Charakteristik $p \geqq 0$. P sei ein (nicht notwendig noetherscher) Unterring von R, k sein Quotientenkörper. Das Ideal $\mathfrak{p} = \mathfrak{P} \cap P$ kann o.E. als in P maximal angenommen werden, es sei $\mathfrak{p} = (\{\pi_\lambda\}_{\lambda \in \Lambda})$, $\mathfrak{k} = P/\mathfrak{p} \subseteqq \mathfrak{K}$ und $\mathfrak{P}^e = \mathfrak{p} \cdot R$, das von $\mathfrak{p}$ in R erzeugte Ideal ($e = \infty$ falls $\mathfrak{p} = (0)$).

Vorausgesetzt wird, daß der Differentialmodul $M(R/P)$ endlicher R-Modul ist. Daraus folgt die Endlichkeit von $M(\mathfrak{K}/\mathfrak{k})$: $\mathfrak{K}$ besitzt über $\mathfrak{k}$ eine endliche p-Basis (bzw. Transzendenzbasis für $p=0$).

Alle auftretenden Indexmengen seien wohlgeordnet, alle Ringe unitär.

Bemerkung. Falls R kompletter diskreter Bewertungsring ist, genügt es die Endlichkeit von $M(\mathfrak{K}/\mathfrak{k})$ zu fordern. Nach [*4*] folgt daraus die Endlichkeit des sog. „Separierten Differentialmoduls" von R über P. Alle Abschätzungen und Beweise dieser Arbeit gelten genauso für diesen und lassen sich fast wörtlich übertragen.

Zum Beweis des Hauptsatzes werden Restklassenringe der Form $R/(\mathfrak{p}R)^{\varrho} = R/\mathfrak{P}^{e\varrho}$ ($\varrho \geqq 1$) benutzt. (Wie sich im Verlauf unserer Überlegungen zeigt, würde es genügen $\varrho = 2$ zu wählen. Da alle Zwischenresultate unabhängig von der Größe von ϱ gelten, legen wir uns jedoch zunächst nicht auf diesen Wert fest.)

Mit $d = d_{R/P}$ (Differentiation von R über P) und $\tilde{R} = R/(\mathfrak{p}R)^{\varrho}$, $\tilde{P} = P/\mathfrak{p}^{\varrho}$ gilt $R\,d\mathfrak{P}^{e\varrho} = \mathfrak{P}^{e\varrho}dR$ und folglich

$$M\left(\frac{\tilde{R}}{\tilde{P}}\right) = R\,dR/\mathfrak{P}^{e\varrho}dR. \tag{1}$$

Für $\tilde{R}$ gilt der Elementarteilersatz, einziges Primelement

$$\tilde{\Pi} = \Pi + \mathfrak{P}^{e\varrho}.$$

Hilfssatz 1. Die (im Sinne des Elementarteilersatzes) zu $M(R/P)$ bzw. $M(\tilde{R}/\tilde{P})$ gehörigen, $\mathfrak{P}^{e\varrho}$ bzw. $(\tilde{O})$ echt umfassenden Annullatoren entsprechen einander umkehrbar eindeutig: Sei $\mathfrak{a}_\nu = (\Pi^{\varepsilon_\nu})$ ν-tes annullierendes Ideal zu $M(R/P)$, dann ist $\tilde{\mathfrak{a}}_\nu = (\Pi^{\varepsilon_\nu} + \mathfrak{P}^{e\varrho})$ ν-tes annullierendes Ideal zu $M(\tilde{R}/\tilde{P})$, und umgekehrt (falls $\varepsilon_\nu < e\varrho$).

Beweis. Folgt unmittelbar aus (1).

Da der Rang des freien Bestandteils von $M(R/P)$ gleich dem Rang von $M(K/k)$ und folglich als bekannt anzusehen ist, ist es klar, daß es für die weitere Untersuchung der Elementarteiler von $M(R/P)$ genügt, Ringe der Form $R/\mathfrak{P}^{e\varrho}$ (ϱ genügend groß) bzw. deren Differentialmoduln zu betrachten.

Von nun ab bedeutet $\tilde{a}$ stets das Bild von $a \in R$ bei dem natürlichen Homomorphismus $R \to \tilde{R}$. Falls kein Irrtum möglich ist, wird das Zeichen „$\sim$" über Elementen oft weggelassen.

Sei $\{\dot{t}_i\}_{i\in I}$ eine Transzendenzbasis von $\mathfrak{K}$ über $\mathfrak{k}$. Wir wählen Vertreter $\{t_i\}_{i\in I}$ in R, diese sind gleichfalls über k (bzw. P) algebraisch unabhängig.

$$P^* = k(\{t_i\}_{i\in I}) \cap R \geqq P[\{t_i\}_{i\in I}]$$

ist Quotientenring von $P[\{t_i\}_{i\in I}]$, folglich ist

$$M\left(\frac{P^*}{P}\right) = \bigoplus_{i\in I} P^* d_{P^*/P} t_i$$

und

$$M\left(\frac{\tilde{P}^*}{\tilde{P}}\right) = M\left(\frac{P^*}{P}\right) \Big/ P^* d_{P^*/P}(\mathfrak{p}^\varrho P^*)$$

$$= M\left(\frac{P^*}{P}\right) \Big/ \mathfrak{p}^\varrho P^* d_{P^*/P} P^* = \bigoplus_{i\in I} \tilde{P}^* d_{\tilde{P}^*/\tilde{P}} t_i.$$

Weiter zeigt man leicht, daß das maximale Ideal $\mathfrak{p}^*$ von P^* identisch mit $\mathfrak{p} P^*$ ist (sonst ergäbe sich ein Widerspruch zur algebraischen Unabhängigkeit der Elemente $\{\dot{t}_i\}_{i\in I}$ über $\mathfrak{k}$). Es sei $\mathfrak{k}^* = P^*/\mathfrak{p}^* = \mathfrak{k}(\{\dot{t}_i\}_{i\in I})$.

In üblicher Weise wird nun in R ein Repräsentantensystem der Elemente von $\mathfrak{K}$ ausgewählt, so daß die Repräsentanten von $\mathfrak{k}$ in P, die von $\mathfrak{k}^*$ in P^* liegen (Repr. von $\dot{t}_i$ ist t_i). Dieses Repräsentantensystem wird auf den Ring $\tilde{R}$ übertragen: Wenn $r \in R$ Repräsentant von $\dot{r} \in K$ ist, so wird $\tilde{r} = r + \mathfrak{P}^{e\varrho} \in \tilde{R}$ als Repräsentant von $\dot{r}$ in $\tilde{R}$ gewählt.

Nun kann folgender Satz bewiesen werden:

Satz 1. Sei $\{X_\lambda\}_{\lambda\in\Lambda}$ ein System von Unbestimmten,

$$\mathfrak{K} = \mathfrak{k}^*[\{\dot{a}_\lambda\}_{\lambda\in\Lambda}] = \mathfrak{k}^*[\{X_\lambda\}_{\lambda\in\Lambda}]/\dot{\mathfrak{n}} \quad \text{und} \quad \dot{\mathfrak{n}} = (\{\dot{f}_\lambda\}_{\lambda\in\Lambda}),$$

wobei $\dot{f}_\lambda(\{X_j\}_{j\leq\lambda})$ aus dem Minimalpolynom von $\dot{a}_\lambda$ über $\mathfrak{k}^*[\{\dot{a}_j\}_{j<\lambda}]$ durch Ersetzen aller auftretenden $\dot{a}_j$ durch die entsprechenden X_j entstanden sei. Es gelten die Gradbedingungen:

$$\mathrm{Grad}_{X_\lambda} \dot{f}_\lambda =_{\mathrm{Def.}} m_\lambda \qquad \mathrm{Grad}_{X_j, j<\lambda} \dot{f}_\lambda < m_j.$$

f_λ entsteht aus $\dot{f}_\lambda$ durch Ersetzen der Koeffizienten durch ihre Repräsentanten aus P^*. Weiter sei $\{\pi_\mu\}_{\mu\in M}$ ein System von Elementen aus P mit

$$\mathfrak{p} = (\{\pi_\mu\}_{\mu\in M}).$$

Dann wird der Kern $\mathfrak{n}$ von

$$\tilde{P}^*[\{X_\lambda\}_{\lambda\in\Lambda}, Y] \to \tilde{P}^*[\{a_\lambda\}_{\lambda\in\Lambda}, \Pi] = \tilde{R}$$

von Elementen folgender Form erzeugt:

$$\{F_\lambda = f_\lambda(\{X_j\}_{j<\lambda}) + Y \cdot g_\lambda\}_{\lambda\in\Lambda}$$
$$(\text{mit } g_\lambda \in \tilde{P}^*[\{X_\lambda\}_{\lambda\in\Lambda}, Y] \quad \text{und} \quad \mathrm{Grad}_{X_j} g_\lambda < m_j,$$
$$\mathrm{Grad}_Y g_\lambda < e),$$

$$\{Q_\mu = \pi_\mu - Y^e h_\mu\}_{\mu \in M}$$

$$(\text{mit } h_\mu \in \tilde{P}^*[\{X_\lambda\}_{\lambda \in \Lambda}, Y] \text{ und } \operatorname{Grad}_{X_j} h_\mu < m_j, \operatorname{Grad}_Y h_\mu < e),$$

$$Y^{e\varrho}.$$

Beweis. Es ist zunächst klar, daß $\tilde{R} = \tilde{P}^*[\{a_\lambda\}_{\lambda \in \Lambda}, \Pi]$ und daß (bei geeignet gewählten g_λ und h_μ) obige Polynome in $\mathfrak{n}$ liegen.

a) Sei $g(\{X\}, Y)$ ein beliebiges Polynom aus $\tilde{P}^*[\{X_\lambda\}_{\lambda \in \Lambda}, Y]$. Ordne nach Potenzen von Y:

$$g = g_0(\{X\}) + Y g_1(\{X\}) + \cdots.$$

Durch Addition endlich vieler geeigneter Vielfacher der F_λ läßt sich erreichen, daß das von Y freie Glied des entstehenden Polynoms in jedem X_λ vom Grad $< m_\lambda$ wird. Der Beweis erfolgt durch transfinite Induktion nach dem größten Index λ_0, für den X_{λ_0} in g_0 tatsächlich auftritt (d.h. das größte λ, für das $\operatorname{Grad}_{X_\lambda}(g_0) > 0$).

Sei also die obige Behauptung richtig für jedes Polynom

$$h = h_0 + h_1 Y + \cdots, \quad \text{wo} \quad h_0 = h_0(\{X_{\lambda, \lambda \leqq \bar{\lambda} < \lambda_0}\}).$$

Für geeignetes $C_{\lambda_0}(\{X_{\lambda, \lambda \leqq \lambda_0}\})$ ist

$$g - C_{\lambda_0} F_{\lambda_0} = \bar{g}_0 + Y(\cdots) \quad \text{mit} \quad \bar{g}_0 = \bar{g}_0(\{X_{\lambda, \lambda \leqq \lambda_0}\})$$

und $\operatorname{Grad}_{X_{\lambda_0}}(\bar{g}_0) < m_{\lambda_0}$.

Nun faßt man $\bar{g}_0$ als Polynom in X_{λ_0} über $\tilde{P}^*[\{X_{\lambda, \lambda < \lambda_0}\}]$ auf. In den Koeffizienten treten nur endlich viele X_λ auf, es gibt also ein $\lambda_1 < \lambda_0$, so daß

$$\bar{g}_0 \in \tilde{P}^*[\{X_{\lambda, \lambda \leqq \lambda_1 < \lambda_0}\}][X_{\lambda_0}].$$

Durch Anwendung der Induktionsvoraussetzung auf die Koeffizienten ergibt sich die Behauptung.

b) Sei nun $g \in \mathfrak{n}$ und folglich

$$g + \sum_{(\text{endl.})} C_\lambda F_\lambda = G_0 + Y(\cdots) \in \mathfrak{n}$$

mit $\operatorname{Grad}_{X_\lambda}\big(G_0(\{X\})\big) < m_\lambda$ für alle λ.

Geht man nun in den Koeffizienten von G_0 zur Restklasse modulo $\tilde{\mathfrak{p}}^*$ über, so muß das entstehende Polynom $\dot{G}_0 \in \mathfrak{k}^*[\{X\}]$ wegen $\dot{G}_0(\{\dot{a}\}) = 0$ aus Gradgründen identisch verschwinden. Es folgt $G_0 \in \tilde{\mathfrak{p}}^*[\{X\}]$.

Da $\tilde{\mathfrak{p}}^* = (\{\pi_\mu\}_{\mu \in M})$ läßt sich durch Addition endlich vieler geeigneter Vielfacher der Q_μ erreichen, daß

$$g + \sum_{(\text{endl.})} C_\lambda F_\lambda + \sum_{(\text{endl.})} D_\mu Q_\mu = Y \cdot g_1 (\in \mathfrak{n}) \quad \text{ist.}$$

c) Wie unter a) erreicht man durch Addition endliche vieler geeigneter Vielfacher der F_λ, daß

$$g + \sum \bar{C}_\lambda(\{X\}, Y) \cdot F_\lambda + \sum D_\mu Q_\mu = Y(g_{1,0} + Y g_{1,1} + \cdots)$$

$$\text{mit} \begin{cases} g_{1,0} = g_{1,0}(\{X\}) & \text{und} \\ \operatorname{Grad}_{X_\lambda}(g_{1,0}) < m_\lambda & \text{für alle } \lambda. \end{cases}$$

Falls nun $e_\varrho > 1$ muß wegen $\Pi \cdot (g_{1,0}(\{a\}) + \Pi \cdot (\cdots)) = 0$

$$g_{1,0}(\{a\}) \in \tilde{\mathfrak{P}} \quad \text{sein, folglich} \quad \dot{g}_{1,0}(\{\dot{a}\}) = 0$$

und aus Gradgründen $g_{1,0}(\{X\}) \in \tilde{\mathfrak{p}}^*[\{X\}]$.

Wie unter b) erreicht man, daß

$$g + \sum_{(\text{endl.})} \bar{C}_\lambda F_\lambda + \sum_{(\text{endl.})} \bar{D}_\mu Q_\mu = Y^2 \cdot g_2 \quad \text{ist.}$$

Nach endlich vielen Schritten bekommt man so für beliebiges $g \in \mathfrak{n}$

$$g + \sum_{(\text{endl.})} C_\lambda^* F_\lambda + \sum_{(\text{endl.})} D_\mu^* Q_\mu = Y^{e_\varrho} \cdot g^*$$

mit

$$C_\lambda^*, D_\mu^*, g^* \in \tilde{P}^*[\{X\}, Y].$$

Damit ist Satz 1 vollständig bewiesen.

I. Separabel erzeugbarer Restklassenkörper

Genauere Aussagen über den Differentialmodul $M(\tilde{R}/\tilde{P})$ (und folglich, gemäß Hilfssatz 1 über $M(R/P)$) sind nur möglich, wenn spezielle Eigenschaften der Körpererweiterung $\mathfrak{K}/\mathfrak{k}$ postuliert werden.

Zunächst behandeln wir als einfachsten Fall:

$\mathfrak{K}$ ist über $\mathfrak{k}^*$ separabel algebraisch ($\mathfrak{K}$ besitzt über $\mathfrak{k}$ eine separierende Transzendenzbasis)

Dann gilt: $\frac{\partial \dot{f}_\lambda}{\partial \dot{\alpha}_\lambda} \neq 0$, wo $\frac{\partial \dot{f}_\lambda}{\partial \dot{\alpha}_\lambda}$ aus $\dot{f}_\lambda$ durch partielle Ableitung nach X_λ und anschließendes Ersetzen aller vorkommenden Unbestimmten X_j durch die entsprechenden $\dot{\alpha}_j$ entsteht.

Durch Anwendung von Satz 3 der Arbeit [3] ergibt sich:

$$\tilde{M} = M\left(\frac{\tilde{R}}{\tilde{P}}\right) = \left(\tilde{R} \underset{\tilde{P}^*}{\otimes} M\left(\frac{\tilde{P}^*}{\tilde{P}}\right) \underset{\lambda \in \Lambda}{\oplus} \tilde{R}\, D' X_\lambda \oplus \tilde{R}\, D' Y\right) \Big/ M_0$$

$$\cong \left(\underset{i \in I}{\oplus} \tilde{R}\, D t_i \underset{\lambda \in \Lambda}{\oplus} \tilde{R}\, D' X_\lambda \oplus \tilde{R}\, D' Y\right) \Big/ N_0$$

mit

$$N_0 = \left(\left\{\delta H_\omega + \sum_{\lambda \in \Lambda} \frac{\partial H_\omega}{\partial a_\lambda} D' X_\lambda + \frac{\partial H_\omega}{\partial \Pi} D' Y\right\}\right) \cong M_0,$$

wobei H_ω das angegebene Erzeugendensystem von $\mathfrak{n}$ durchläuft und δH_ω durch Anwendung von $D = d_{\tilde{P}^*/\tilde{P}}$ auf die Koeffizienten von $H_\omega(\{X\}, Y)$ und anschließendes Einsetzen: $X \to a_\lambda$, $Y \to \Pi$ entsteht.

N_0 wird also erzeugt von:

I) $$\Big\{-\Pi^e \delta h_\mu - \Pi^e \sum_{\lambda \in \Lambda} \frac{\partial h_\mu}{\partial a_\lambda} D' X_\lambda - \left(\Pi^e \frac{\partial h_\mu}{\partial \Pi} + e \cdot \Pi^{e-1} \cdot h_\mu(\{a\}, \Pi)\right) \cdot D' Y\Big\}_{\mu \in M}$$

II) $e\varrho \Pi^{e\varrho - 1} D' Y$ und

III) $$\left\{\delta F_\alpha + \sum_{\lambda \in \Lambda} \left(\frac{\partial f_\alpha}{\partial a_\lambda} + \Pi \frac{\partial g_\alpha}{\partial a_\lambda}\right) D' X_\lambda + \frac{\partial F_\alpha}{\partial \Pi} D' Y\right\}_{\alpha \in \Lambda}.$$

Wir bezeichnen die Klassen modulo N_0 der Elemente $D t_i$, $D' X_\lambda$ und $D' Y$ mit $d t_i$, $d a_\lambda$, $d\Pi$; diese Klassen erzeugen offenbar $\tilde{M}$. Die Indexmenge I muß unter der obigen Voraussetzung endlich sein: Die separierende Transzendenzbasis $\{\dot{t}_i\}_{i \in I}$ von $\mathfrak{R}$ über $\mathfrak{k}$ ist p-Basis von $\mathfrak{R}$ über $\mathfrak{k}$ ([5], Prop. 5). Sei $\mathrm{Dim}(\mathfrak{R}:\mathfrak{k}) = \mathfrak{t}$. Da $\frac{\partial f_\lambda}{\partial a_\lambda}$ und deshalb auch $\frac{\partial f_\lambda}{\partial a_\lambda} + \Pi \frac{\partial g_\lambda}{\partial a_\lambda}$ wegen $\frac{\partial \dot{f}_\lambda}{\partial \dot{a}_\lambda} \neq 0$ Einheit in R ist, lassen sich, mittels der Relationen III, in $\tilde{M}$ die Elemente $d a_\lambda$ linear durch die $d t_i$ und $d\Pi$ ausdrücken.

Ein Erzeugendensystem des Kerns $\bar{\mathfrak{n}}$ von:

$$\left(\underset{i \in I}{\oplus} \tilde{R}\, D t_i \oplus \tilde{R}\, D' Y\right) \to \tilde{M} = \sum_{i \in I} \tilde{R}\, d t_i + \tilde{R}\, d\Pi$$

erhält man, indem man in I) mittels III) die Elemente $D' X_\lambda$ eliminiert. $\bar{\mathfrak{n}}$ wird also von Elementen folgender Form erzeugt:

I') $$\left\{\Pi^e \left(\sum_{i \in I} r_{i\mu} D t_i\right) - \left(e \Pi^{e-1} h_\mu(\{a\}, \Pi) + \Pi^e r_\mu\right) D' Y\right\}$$

für alle $\mu \in M$, wobei $h_\mu, r_\mu, r_{i\mu} \in \tilde{R}$, und

II') $e\varrho \Pi^{e\varrho - 1} D' Y$.

Es ergibt sich (für jedes $\varrho \geqq 1$):

$$\tilde{M} \cong \tilde{R}/\varepsilon_1 \oplus \cdots \oplus \tilde{R}/\varepsilon_{t+1} \quad \text{mit}$$

$$\varepsilon_1 = \Pi^{e-1} \quad \text{falls } p \not| e \text{ (für mindestens ein } \mu \text{ ist } h_\mu(\{a\}, \Pi) \text{ Einheit)}$$

$$\varepsilon_1 \subseteqq \Pi^e \quad \text{falls } p \mid e$$

$$\varepsilon_2, \ldots, \varepsilon_{t+1} \subseteqq \Pi^e.$$

Die gleichen Abschätzungen gelten dann auch für $M(R/P)$. Berücksichtigt man nun noch, daß unter der in Satz 2 formulierten, in praktischen Beispielen im allgemeinen erfüllten, Voraussetzung der Rang von $M(K/k) = K \otimes_R M(R/P)$ größer oder gleich $\mathfrak{t}$ ist, dann ergeben sich folgende Resultate:

Satz 2. $\mathfrak{K}$ sei über $\mathfrak{k}$ separabel erzeugt (d.h. $\mathfrak{K}$ besitzt über $\mathfrak{k}$ eine separierende Transzendenzbasis), für die Körpererweiterung $K:k$ gelte: Es existiert ein Zwischenkörper $k \subseteqq L \subseteqq K$, so daß L über k separabel erzeugt und K eine endliche, rein inseparabel algebraische Erweiterung von L ist. Dann gilt:

$$M\left(\frac{R}{P}\right) \cong F \oplus T$$

mit einem freien Modul F vom Rang $\mathfrak{t} = \mathrm{Dim}(K:k)$ und einem zyklischen Modul T mit Annullator

$$\varepsilon = (\Pi^{e-1}) \quad \text{falls } p \not| e,$$

$$\varepsilon \subseteqq (\Pi^e) \quad \text{falls } p \mid e \qquad (p = \mathrm{Char.}(\mathfrak{K})).$$

Bemerkung. Eine Körpererweiterung $K:k$ mit der oben definierten Eigenschaft heißt nach [4] „endlich inseparabel". Jede Körpererweiterung der Charakteristik 0 und jede endlich erzeugte Körpererweiterung besitzt diese Eigenschaft.

Allgemeiner gilt:

Satz 3. $\mathfrak{K}$ sei über $\mathfrak{k}$ separabel erzeugt. Dann gilt:

$$M\left(\frac{R}{P}\right) \cong R/\varepsilon_1 \oplus \ldots \oplus R/\varepsilon_{t+1}$$

$$\text{mit} \quad \varepsilon_1 = \mathfrak{P}^{e-1} \quad \text{falls } p \not| e,$$

$$\varepsilon_1 \subseteqq \mathfrak{P}^e \quad \text{falls } p \mid e,$$

$$\varepsilon_2, \ldots, \varepsilon_{t+1} \subseteqq \mathfrak{P}^e.$$

Folgerung. Rang $M\left(\frac{R}{P}\right) = \mathfrak{t}$ für $e = 1$,

Rang $M\left(\frac{R}{P}\right) = \mathfrak{t} + 1$ für $e > 1$.

II. Restklassenkörper der Charakteristik $p > 0$

Interessanter und schwieriger zu behandeln ist das Problem, wenn inseparable Erweiterungen der Restklassenkörper auftreten. Wir setzen nunmehr voraus:

$\mathfrak{k}$ habe die Charakteristik $p > 0$

Wie bisher wird die Existenz einer endlichen p-Basis $\dot{a}_1, \ldots, \dot{a}_{\nu_0}$ von $\mathfrak{K}$ über $\mathfrak{k}$ gefordert:

$$\mathfrak{K} = \mathfrak{k}\,\mathfrak{K}^p[\dot{a}_1, \ldots, \dot{a}_{\nu_0}].$$

Dann ist

$$\begin{aligned} \mathfrak{k}\,\mathfrak{K}^p &= \mathfrak{k}\,\mathfrak{K}^{p^2}[\dot{a}_1^p, \ldots, \dot{a}_{\nu_1}^p], \\ \mathfrak{k}\,\mathfrak{K}^{p^2} &= \mathfrak{k}\,\mathfrak{K}^{p^3}[\dot{a}_1^{p^2}, \ldots, \dot{a}_{\nu_2}^{p^2}], \\ &\vdots \\ \mathfrak{k}\,\mathfrak{K}^{p^h} &= \mathfrak{k}\,\mathfrak{K}^{p^{h+1}}[\dot{a}_1^{p^h}, \ldots, \dot{a}_{\nu_h}^{p^h}] \\ &\vdots \end{aligned}$$

mit gewissen Teilsystemen $\dot{a}_1, \ldots, \dot{a}_{\nu_i}$ von $\dot{a}_1, \ldots, \dot{a}_{\nu_{i-1}}$ $(i \geqq 1)$ mit folgender Eigenschaft: Kein echtes Teilsystem von $\dot{a}_1^{p^i}, \ldots, \dot{a}_{\nu_i}^{p^i}$ erzeugt $\mathfrak{k}\,\mathfrak{K}^{p^i}$ über $\mathfrak{k}\,\mathfrak{K}^{p^{i+1}}$. h sei die kleinste natürliche Zahl, so daß stets $\nu_{j+1} = \nu_j$ für $j \geqq h$.

Bemerkung. Falls $\mathfrak{k}\,\mathfrak{K}^{p^h}$ inseparabel über $\mathfrak{k}$ ist, gilt dies auch für $\mathfrak{k}\,\mathfrak{K}^{p^j}$ $(j > h)$, also für alle Körper der obigen Folge:

Sei $\mathfrak{k}\,\mathfrak{K}^{p^{j-1}}$ inseparabel über $\mathfrak{k}$. $\{B\}$ sei eine Linearbasis von $\mathfrak{k}\,\mathfrak{K}^{p^{j-1}}$ über $\mathfrak{k}$, bestehend aus Elementen von $\mathfrak{K}^{p^j}[\dot{a}_1^{p^{j-1}}, \ldots, \dot{a}_{\nu_h}^{p^{j-1}}]$. $\{B^p\}$ ist dann nach Voraussetzung ein linear abhängiges Erzeugendensystem von $\mathfrak{k}\,\mathfrak{K}^{p^j}$ über $\mathfrak{k}$. Da jedoch $\dot{a}_1^{p^j}, \ldots, a_{\nu_h}^{p^j}$ p-unabhängig über $\mathfrak{k}\,\mathfrak{K}^{p^{j+1}}$ sind, bedeutet das, daß gewisse über $\mathfrak{k}$ linear unabhängige Elemente von $\mathfrak{K}^{p^j}$ bei Potenzierung mit p abhängig werden, d.h. $\mathfrak{k}\,\mathfrak{K}^{p^j}$ ist inseparabel über $\mathfrak{k}$.

Falls $\mathfrak{k}\,\mathfrak{K}^{p^h}$ separabel über $\mathfrak{k}$ ist, ist h der kleinste Exponent mit dieser Eigenschaft. Wichtig ist der folgende speziellere Fall: $\mathfrak{k}\,\mathfrak{K}^{p^l}$ ist über k separabel erzeugt (für irgend ein $l \geqq h$). Nach [5], Prop. 5 folgt:

Transzendenzgrad ($\mathfrak{K}$ über $\mathfrak{k}$) $= \nu_h < \infty$ und deshalb ([5], Prop. 9): $\mathfrak{k}\,\mathfrak{K}^{p^j}$ über $\mathfrak{k}$ separabel erzeugt für alle $j \geqq h$.

Da $\nu_i = p$-Grad ($\mathfrak{k}\,\mathfrak{K}^{p^i}$ über $\mathfrak{k}$) sind die Zahlen $\nu_0, \ldots, \nu_h$ Invarianten der Körpererweiterung $\mathfrak{K}:\mathfrak{k}$, ebenso natürlich die Differenzen $\nu_0 - \nu_i = m_i$ $(i = 1, \ldots, h)$.

Weiter führen wir ein:

Definition. $e_i =$ Verzweigungsindex von R über PR^{p^i}.

Es gilt $e_1 \leqq e_2 \leqq \cdots \leqq e \leqq \infty$.

Die Folge der e_i kann von einem gewissen Index r an konstant werden ($e_r = e_{r+1} = \cdots$) oder unbeschränkt wachsen. Im ersten Fall ist damit eine weitere Zahl r definiert, im zweiten Fall wird $r = \infty$ gesetzt.

Außerdem bezeichnen wir das Maximum der e_i mit e^*, im ersten Fall ist $e^* = e_r = e_{r+1} = \cdots$, im zweiten Fall wird $e^* = \infty$ gesetzt. Formal auftretende Ausdrücke der Form $\mathfrak{P}^\infty$ oder Π^∞ bedeuten das Nullideal bzw. das Element O.

Schließlich wählen wir noch eine (natürliche) Zahl l so aus, daß l größer oder gleich allen endlichen unter den Zahlen r, e, $h+1$ ist ($h+1$ ist stets endlich):

$$\begin{aligned} &l \geqq r && \text{falls } r < \infty, \\ &l \geqq e && \text{falls } e < \infty, \\ &l \geqq h+1. \end{aligned}$$

Nun können wir mit der Auswahl eines geeigneten Erzeugendensystems von $\mathfrak{K}$ über $\mathfrak{k}$ beginnen:

Sei $\{\dot{t}_i\}_{i \in I}$ ein maximales System über $\mathfrak{k}$ algebraisch unabhängiger Elemente aus $\mathfrak{K}^{p^l}$ und $\mathfrak{k}^* = \mathfrak{k}(\{\dot{t}_i\}_{i \in I})$.

Weiter sei $\mathfrak{k}\,\mathfrak{K}^{p^l} = \mathfrak{k}^*[\{\dot{\beta}_\lambda\}_{\lambda \in \Lambda}]$; alle $\dot{\beta}_\lambda \in \mathfrak{K}^{p^l}$ und algebraisch über $\mathfrak{k}^*$. Dann gilt:

$$\mathfrak{K} = \mathfrak{k}^*[\{\dot{\beta}_\lambda\}, \dot{\alpha}_1, \ldots, \dot{\alpha}_{\nu_0}].$$

Die Polynome $\dot{f}_\lambda(X_{j, j \leqq \lambda})$ seien wie in Satz 1 aus den Minimalpolynomen der $\dot{\beta}_\lambda$ über $\mathfrak{k}^*[\{\dot{\beta}_j\}_{j<\lambda}]$; $\dot{g}_1(\{X_\lambda\}_{\lambda\in\Lambda}, Y_1), \ldots, \dot{g}_{\nu_0}(\{X_\lambda\}_{\lambda\in\Lambda}, Y_1, \ldots, Y_{\nu_0})$ werden entsprechend aus den Minimalpolynomen der $\dot{\alpha}_\varkappa$ über $\mathfrak{k}^*[\{\dot{\beta}_\lambda\}, \dot{\alpha}_1, \ldots, \dot{\alpha}_{\varkappa-1}]$ gebildet.

Für $\dot{g}_1, \ldots, \dot{g}_{\nu_0}$ gilt folgender

Hilfssatz. Sei $\nu_{j+1} < i \leqq \nu_j$ ($j = 0, \ldots, h$; $\nu_{h+1} =_{\text{Def.}} 0$). Dann ist $\dot{g}_i(\{X_\lambda\}, Y_1, \ldots, Y_i)$ ein Polynom in $\{X_\lambda\}$, $Y_1^{p^{j+1}}, \ldots, Y_i^{p^{j+1}}$ (mit Koeffizienten aus $\mathfrak{k}^*$).

Beweis. Sei $\dot{g}_i$ ein Polynom in $Y_1^{p^\nu}, \ldots, Y_i^{p^\nu}$, aber nicht in $Y_1^{p^{\nu+1}}, \ldots, Y_i^{p^{\nu+1}}$. Wenn $\nu > h$ sind wir fertig, sei also $\nu \leqq h\,(< l)$. Schreibe $\dot{g}_i$ als $\sum\limits_\mu c_{i\mu}\, d_{i\mu}$ mit gewissen Monomen $d_{i\mu}$, in denen $Y_1, \ldots, Y_i$ nur mit Exponenten $< p^{\nu+1}$ auftreten, sowie gewissen

$$c_{i\mu} \in \mathfrak{k}^*[\{X_\lambda\}, Y_1^{p^{\nu+1}}, \ldots, Y_i^{p^{\nu+1}}].$$

Setze $\{\dot{\beta}_\lambda\}, \dot{\alpha}_1, \ldots, \dot{\alpha}_i$ in den $c_{i\mu}$ ein:

$$c_{i\mu}(\{\dot{\beta}_\lambda\}, \dot{\alpha}_1, \ldots, \dot{\alpha}_i) \in \mathfrak{k}^*[\{\dot{\beta}_\lambda\}]\, \mathfrak{K}^{p^{\nu+1}} \subseteqq \mathfrak{k}\, \mathfrak{K}^{p^{\nu+1}} \quad (\text{da } \nu + 1 \leqq l).$$

Nach Voraussetzung sind gewisse $d_{i\mu} \neq 1$. Die zugehörigen $c_{i\mu}$ können bei der Einsetzung nicht verschwinden: $c_{i\mu}(\{\dot\beta_\lambda\}, \dot a_1, \ldots, \dot a_{i-1}, Y_i) \neq 0$ wegen den Gradbedingungen (wie bei Satz 1) für $\dot g_i$; $c_{i\mu}(\{\beta_\lambda\}, \dot a_1, \ldots, \dot a_i) \neq 0$ wegen der Eindeutigkeit des Minimalpolynoms von $\dot a_i$ über $\mathfrak{k}^*[\{\dot\beta_\lambda\}, \dot a_1, \ldots, \dot a_{i-1}]$. Durch „partielles Einsetzen" erhält man also ein nicht konstantes Polynom $\sum\limits_\mu c_{i\mu}(\{\dot\beta_\lambda\}, \dot a_1, \ldots, \dot a_i) \cdot d_{i\mu}$ aus $\mathfrak{k}\,\mathfrak{K}^{p^{\nu+1}}[Y_1^{p^\nu}, \ldots, Y_i^{p^\nu}]$ vom Grade $< p$ in jeder Unbestimmten, das von $a_1^{p^\nu}, \ldots, a_i^{p^\nu}$ annulliert wird. Es folgt $j < \nu$ oder $j + 1 \leqq \nu$.

Wir erhalten nunmehr unter Verwendung von Satz 1 ein Erzeugendensystem des Kerns von

$$\tilde P^*[\{X_\lambda\}, Y_1, \ldots, Y_{\nu_0}, Y] \to \tilde P^*[\{\beta_\lambda\}, a_1, \ldots, a_{\nu_0}, \Pi] = \tilde R^{1}$$

von folgender Gestalt:

$$\{f_\lambda(\{X_j\}_{j \leqq \lambda} + Y^{e_l} \cdot \mathfrak{g}_\lambda\}_{\lambda \in \Lambda}, \quad \text{mit} \quad \mathfrak{g}_\lambda \in \tilde P^*[\{X_\lambda\}, Y_1, \ldots, Y_{\nu_0}, Y]$$

$$\begin{array}{lll} & & \text{Anzahl} \\ g_1(\{X_\lambda\}, Y_1^{p^{h+1}}) & + Y^{e_{h+1}}\,\mathfrak{g}_1 & \left.\right\} \\ \vdots & & \nu_h \\ g_{\nu_h}(\{X_\lambda\}, Y_1^{p^{h+1}}, \ldots, Y_{\nu_h}^{p^{h+1}}) & + Y^{e_{h+1}}\,\mathfrak{g}_{\nu_h} & \left.\right\} \\ g_{\nu_h+1}(\{X_\lambda\}, Y_1^{p^h}, \ldots, Y_{\nu_h+1}^{p^h}) & + Y^{e_h}\,\mathfrak{g}_{\nu_h+1} & \left.\right\} \\ \vdots & & \nu_{h-1} - \nu_h \\ g_{\nu_{h-1}}(\{X_\lambda\}, Y_1^{p^h}, \ldots, Y_{\nu_{h-1}}^{p^h}) & + Y^{e_h}\,\mathfrak{g}_{\nu_{h-1}} & \left.\right\} \\ \vdots & & \\ g_{\nu_1+1}(\{X_\lambda\}, Y_1^{p}, \ldots, Y_{\nu_1+1}^{p}) & + Y^{e_1}\,\mathfrak{g}_{\nu_1+1} & \left.\right\} \\ \vdots & & \nu_0 - \nu_1 \\ g_{\nu_0}(\{X_\lambda\}, Y_1^{p}, \ldots, Y_{\nu_0}^{p}) & + Y^{e_1}\,\mathfrak{g}_{\nu_0} & \left.\right\} \end{array}$$

$$\{\pi_\mu - Y^e \cdot \mathfrak{h}_\mu\}_{\mu \in M}, \quad \text{mit} \quad \mathfrak{h}_\mu \in \tilde P^*[\{X_\lambda\}, Y_1, \ldots, Y_{\nu_0}, Y]$$
$$Y^{e\varrho}$$

Wendet man nun Satz 3 der Arbeit [3] an, so ergibt sich wegen $M(\tilde P^*/\tilde P) = \bigoplus\limits_{i \in I} \tilde P^*\, dt_i$:

$$M\left(\frac{\tilde R}{\tilde P}\right) \cong \left(\bigoplus_{i \in I} \tilde R\, dt_i \bigoplus_{\lambda \in \Lambda} \tilde R\, dX_\lambda \bigoplus_{\nu=1}^{\nu_0} \tilde R\, dY_\nu \oplus \tilde R\, dY\right) \Big/ M_0$$

wobei M_0 ein Erzeugendensystem S_0 von Elementen folgender Form besitzt:

---

[1] Dabei ist (s. auch Satz 1):

$$\tilde P^* = (P^* + \mathfrak{P}^{e\varrho})/\mathfrak{P}^{e\varrho}, \qquad P^* = k^* \cap R, \qquad k^* = k(\{t_i\})$$

mit Repräsentanten $t_i \in \tilde R^{p^l}$ der $\dot t_i$.

$\beta_\lambda \subseteq \tilde R^{p^l}$ sind Repräsentanten der $\dot\beta_\lambda$, a_i Repräsentanten der $\dot a_i$. Die Polynome f_λ, g_ν sind wie in Satz 1 gebildet.

Anzahl

$$\sum_{i\in I}\left(\frac{\partial f_\lambda}{\partial t_i}+\Pi^{e_1}\cdot\frac{\partial \mathfrak{g}_\lambda}{\partial t_i}\right)\quad dt_i+\sum_{\tau\in\Lambda}\left(\frac{\partial f_\lambda}{\partial\beta_\tau}+\Pi^{e_1}\cdot\frac{\partial\mathfrak{g}_\lambda}{\partial\beta_\tau}\right)\quad dX_\tau+$$

für alle $\lambda\in\Lambda$

$$\Pi^e\cdot\sum_{i\in I}\frac{\partial\mathfrak{h}_\mu}{\partial t_i}\quad dt_i+\Pi^e\cdot\sum_{\tau\in\Lambda}\frac{\partial\mathfrak{h}_\mu}{\partial\beta_\tau}\quad dX_\tau+$$

für alle $\mu\in M$

$$0 \quad + \quad 0 \quad +$$

ν_h

$$\left\{\begin{array}{l}\sum_{i\in I}\left(\frac{\partial g_1}{\partial t_i}+\Pi^{e_{h+1}}\cdot\frac{\partial\mathfrak{g}_1}{\partial t_i}\right)\quad dt_i+\sum_{\tau\in\Lambda}\left(\frac{\partial g_1}{\partial\beta_\tau}+\Pi^{e_{h+1}}\cdot\frac{\partial\mathfrak{g}_1}{\partial\beta_1}\right)\quad dX_\tau+\\ \vdots\\ \sum_{i\in I}\left(\frac{\partial g_{\nu_h}}{\partial t_i}+\Pi^{e_{h+1}}\frac{\partial\mathfrak{g}_{\nu_h}}{\partial t_i}\right)\quad dt_i+\sum_{\tau\in\Lambda}\frac{\partial g_{\nu_h}}{\partial\beta_\tau}+\Pi^{e_{h+1}}\frac{\partial\mathfrak{g}_{\nu_h}}{\partial\beta_\tau}\Big)\quad dX_\tau+\end{array}\right.$$

$\nu_{h-1}-\nu_h$

$$\left\{\begin{array}{l}\sum_{i\in I}\left(\frac{\partial g_{\nu_h+1}}{\partial t_i}+\Pi^{e_h}\frac{\partial\mathfrak{g}_{\nu_h+1}}{\partial t_i}\right)dt_i+\sum_{\tau\in\Lambda}\left(\frac{\partial g_{\nu_h+1}}{\partial\beta_\tau}+\Pi^{e_h}\frac{\partial\mathfrak{g}_{\nu_h+1}}{\partial\beta_\tau}\right)dX_\tau+\\ \vdots\\ \text{[analog; } g_{\nu_{h-1}} \text{ bzw. } \mathfrak{g}_{\nu_{h-1}} \text{ statt } g_{\nu_h+1}, \mathfrak{g}_{\nu_h+1}\text{]}\end{array}\right.$$

$\nu_{h-2}-\nu_{h-1}$

$$\left\{\begin{array}{l}\cdots\cdots\cdots\cdots\cdots\cdots\cdots\cdots\cdots\\ \vdots\\ \cdots\cdots\cdots\cdots\cdots\cdots\cdots\cdots\cdots\end{array}\right.$$

$$\vdots$$

$\nu_0-\nu_1$

$$\left\{\begin{array}{l}\sum_{i\in I}\left(\frac{\partial g_{\nu_1+1}}{\partial t_i}+\Pi^{e_1}\frac{\partial\mathfrak{g}_{\nu_1+1}}{\partial t_i}\right)\quad dt_i+\sum_{\tau\in\Lambda}\left(\frac{\partial g_{\nu_1+1}}{\partial\beta_\tau}+\Pi^{e_1}\frac{\partial\mathfrak{g}_{\nu_1+1}}{\partial\beta_\tau}\right)dX_\tau+\\ \vdots\\ \sum_{i\in I}\left(\frac{\partial g_{\nu_0}}{\partial t_i}+\Pi^{e_1}\frac{\partial\mathfrak{g}_{\nu_0}}{\partial t_i}\right)\quad dt_i+\sum_{\tau\in\Lambda}\left(\frac{\partial g_{\nu_0}}{\partial\beta_\tau}+\Pi^{e_1}\frac{\partial\mathfrak{g}_{\nu_0}}{\partial\beta_\tau}\right)\quad dX_\tau+\end{array}\right.$$

$$+\Pi^{e_l}\sum_{\nu=1}^{\nu_0}\frac{\partial \mathfrak{g}_\lambda}{\partial a_\nu} \quad dY_\nu+\left(e_l\cdot\Pi^{e_l-1}\mathfrak{g}_\lambda(\{\beta\},a,\Pi)+\Pi^{e_l}\cdot\frac{\partial \mathfrak{g}_\lambda}{\partial \Pi}\right) \quad dY$$

$$+\Pi^{e}\cdot\sum_{\nu=1}^{\nu_0}\frac{\partial \mathfrak{h}_\mu}{\partial a_\nu} \quad dY_\nu+\left(e\cdot\Pi^{e-1}\mathfrak{h}_\mu(\{\beta\},a,\Pi)+\Pi^{e}\cdot\frac{\partial \mathfrak{h}_\mu}{\partial \Pi}\right) \quad dY$$

$$+ \quad 0 \quad + \quad e\varrho\cdot\Pi^{e\varrho-1} \quad dY$$

$$+\underbrace{\frac{\partial g_1}{\partial a_1}}_{p^{h+1}(\cdots)} \quad dY_1+\Pi^{e_{h+1}}\sum_{\nu=1}^{\nu_0}\frac{\partial \mathfrak{g}_1}{\partial a_\nu} \quad dY_\nu+\left(e_{h+1}\cdot\Pi^{e_{h+1}-1}\mathfrak{g}_1(\{\beta\},a,\Pi)+\Pi^{e_{h+1}}\cdot\frac{\partial \mathfrak{g}_1}{\partial \Pi}\right) dY$$

$$+\sum_{\nu=1}^{\nu_h}\frac{\partial g_{\nu_h}}{\partial a_\nu} \quad dY_\nu+\Pi^{e_{h+1}}\sum_{\nu=1}^{\nu_0}\frac{\partial \mathfrak{g}_{\nu_h}}{\partial a_\nu} \quad dY_\nu+\left(e_{h+1}\cdot\Pi^{e_{h+1}-1}\mathfrak{g}_{\nu_h}(\{\beta\},a,\Pi)+\Pi^{e_{h+1}}\frac{\partial \mathfrak{g}_{\nu_h}}{\partial \Pi}\right) dY$$

$$+\sum_{\nu=1}^{\nu_h+1}\underbrace{\frac{\partial g_{\nu_h+1}}{\partial a_\nu}}_{p^{h}(\ldots)} dY_\nu+\Pi^{e_h}\sum_{\nu=1}^{\nu_0}\frac{\partial \mathfrak{g}_{\nu_h+1}}{\partial a_\nu} \quad dY_\nu+\left(e_h\Pi^{e_h-1}\mathfrak{g}_{\nu_h+1}(\{\beta\},a,\Pi)+\Pi^{e_h}\cdot\frac{\partial \mathfrak{g}_{\nu_h+1}}{\partial \Pi}\right) \quad dY$$

$$+\sum_{\nu=1}^{\nu_{h-1}}\underbrace{\frac{\partial g_{\nu_{h-1}}}{\partial a_\nu}}_{p^{h}(\cdots)} dY_\nu+\Pi^{e_h}\sum_{\nu=1}^{\nu_0}\frac{\partial \mathfrak{g}_{\nu_{h-1}}}{\partial a_\nu} \quad dY_\nu+\cdots\cdots\cdots\cdots\cdots\cdots$$

$$+\sum_{\nu=1}^{\nu_{h-1}+1}p^{h-1}(\ldots)\,dY_\nu+\Pi^{e_{h-1}}\sum_{\nu=1}^{\nu_0}\frac{\partial \mathfrak{g}_{\nu_{h-1}+1}}{\partial a_\nu}\,dY_\nu+(e_{h-1}\Pi^{e_{h-1}-1}\ldots) \quad dY$$

. . . .

$$+\sum_{\nu=1}^{\nu_1+1}\underbrace{\frac{\partial g_{\nu_1+1}}{\partial a_\nu}}_{p(\ldots)} dY_\nu+\Pi^{e_1}\sum_{\nu=1}^{\nu_0}\frac{\partial \mathfrak{g}_{\nu_1+1}}{\partial a_\nu} \quad dY_\nu+\left(e_1\Pi^{e_1-1}\mathfrak{g}_{\nu_1+1}(\{\beta\},a,\Pi)+\Pi^{e_1}\frac{\partial \mathfrak{g}_{\nu_1+1}}{\partial \Pi}\right) \quad dY$$

$$+\sum_{\nu=1}^{\nu_0}\underbrace{\frac{\partial g_{\nu_0}}{\partial a_\nu}}_{p(\ldots)} \quad dY_\nu+\Pi^{e_1}\sum_{\nu=1}^{\nu_0}\frac{\partial \mathfrak{g}_{\nu_0}}{\partial a_\nu} \quad dY_\nu+\left(e_1\Pi^{e_1-1}\mathfrak{g}_{\nu_0}(\{\beta\},a,\Pi)+\Pi^{e_1}\frac{\partial \mathfrak{g}_{\nu_0}}{\partial \Pi}\right) \quad dY$$

Nach Voraussetzung wird $M(\mathfrak{R}/\mathfrak{k})$ von den Differentialen der Elemente $\dot{a}_1, \ldots, \dot{a}_{\nu_0}$ erzeugt. Durch Anwendung des sog. „Hilfssatzes von Cohen" (Folgerung aus dem Lemma von Nakayama, s. etwa [2]) ergibt sich unmittelbar (benutze $\tilde{R}\, d\tilde{\mathfrak{P}} = \tilde{R}\, d\Pi + \tilde{\mathfrak{P}}\, d\tilde{R}$)

$$M\left(\frac{\tilde{R}}{\tilde{P}}\right) = \tilde{R}\, da_1 + \cdots + \tilde{R}\, da_{\nu_0} + \tilde{R}\, d\Pi.$$

Da die Elemente $\{t_i\}$ und $\{\beta_\lambda\}$ aus $\tilde{R}^{pl}$ gewählt waren, gilt

$$\left.\begin{matrix} dt_i \\ d\beta_\lambda \end{matrix}\right\} \in p^l \cdot \tilde{R}^{pl-1}\, d\tilde{R} \subseteqq \tilde{\mathfrak{P}}^l\, d\tilde{R}.$$

In M_0 liegen also sicher Elemente der Form

$$\circledast \quad \begin{aligned} & dt_i - \left(\sum_{j=1}^{\nu_0} s_{ij}\, dY_j + s_i\, dY\right) \quad (\text{für alle } i \in I), \\ & dX_\lambda - \left(\sum_{j=1}^{\nu_0} s_{\lambda j}\, dY_j + s_\lambda\, dY\right) \quad (\text{für alle } \lambda \in \Lambda) \end{aligned}$$

mit $s_{ij}, s_{\lambda j}, s_i, s_\lambda \in \tilde{\mathfrak{P}}^l$.[1]

Die Elemente des Systems $\circledast$ erzeugen also einen Untermodul N_0 von M_0. Es gilt

$$M\left(\frac{\tilde{R}}{\tilde{P}}\right) \cong (\oplus \tilde{R}\, dt_i \oplus \tilde{R}\, dX_\lambda \oplus \tilde{R}\, dY_\nu \oplus \tilde{R}\, dY)/N_0 \Big/ M_0/N_0 \cong$$

$$= \bigoplus_{\nu=1}^{\nu_0} \tilde{R}\, dY_\nu \oplus \tilde{R}\, dY / M_0'$$

M_0' wird von den Bildern mod N_0 des Systems S_0 erzeugt. Die Koeffizientenmatrix des entstehenden Erzeugendensystems von M_0' hat folgende Gestalt: (s. S. 17).

Mit den Bezeichnungen von Beginn des Abschnitts II ergeben sich nun folgende Abschätzungen für die Elementarteiler $\varepsilon_1, \ldots, \varepsilon_{\nu_0+1}$ des Moduls $M(\tilde{R}/\tilde{P})$ und damit auch des Moduls $M(R/P)$:

Satz 4.

$$\begin{aligned}
& \varepsilon_1 \subseteqq (e_1 \mathfrak{P}^{e_1-1}, \mathfrak{P}^{e_1}), && \varepsilon_2 \subseteqq \mathfrak{P}^{e_1}, \ldots, \varepsilon_{m_1} \subseteqq \mathfrak{P}^{e_1}, \\
& \varepsilon_{m_1+1} \subseteqq (e_2 \mathfrak{P}^{e_2-1}, \mathfrak{P}^{e_2}), && \varepsilon_{m_1+2} \subseteqq \mathfrak{P}^{e_2}, \ldots, \varepsilon_{m_2} \subseteqq \mathfrak{P}^{e_2}, \\
& \vdots && \vdots \\
& \varepsilon_{m_{h-1}+1} \subseteqq (e_h \mathfrak{P}^{e_h-1}, \mathfrak{P}^{e_h}), && \varepsilon_{m_{h-1}+2} \subseteqq \mathfrak{P}^{e_h}, \ldots, \varepsilon_{m_h} \subseteqq \mathfrak{P}^{e_h}, \\
& \varepsilon_{m_h+1} \subseteqq (e_{h+1} \mathfrak{P}^{e_{h+1}-1}, \mathfrak{P}^{e_{h+1}}), && \varepsilon_{m_h+2} \subseteqq \mathfrak{P}^{e_{h+1}}, \ldots, \varepsilon_{\nu_0} \subseteqq \mathfrak{P}^{e_{h+1}}, \\
& \varepsilon_{\nu_0+1} \subseteqq (\mathfrak{P}^{e^*}, e^* \mathfrak{P}^{e^*-1}).
\end{aligned}$$

[1] Für ein i (bzw. λ) könnten verschiedene Ausdrücke der Form $\circledast$ in M_0 liegen. Dann wird einer dieser Ausdrücke ausgewählt. Zum System $\circledast$ gehört also für jedes i (bzw. λ) nur ein Element $\in M_0$ von obiger Form.

Anzahl	dY_1	dY_{ν_0}	dY
$\lambda \in \Lambda$	$\Pi^{e_l}(\cdots)\;\cdots$	$\Pi^{e_l}(\cdots)$	$e_l \cdot \Pi^{e_l - 1} \mathfrak{g}_\lambda(\{\beta\}, a, \Pi) +$ Glieder in $\mathfrak{P}^{e_l}$
	$\vdots$	$\vdots$	$\vdots$
$\mu \in M$	$\Pi^{e}(\cdots)\;\cdots$	$\Pi^{e}(\cdots)$	$e\,\Pi^{e-1} \mathfrak{h}_\mu(\{\beta\}, a, \Pi) +$ Glieder in $\mathfrak{P}^{e}$
	$\vdots$	$\vdots$	$\vdots$
	$0\;\cdots$	0	$e_\varrho \cdot \Pi^{e_\varrho - 1}$
ν_h	$\Pi^{e_{h+1}}(\cdots)\;\cdots$	$\Pi^{e_{h+1}}(\cdots)$	$e_{h+1} \Pi^{e_{h+1}-1} \mathfrak{g}_1(\{\beta\}, a, \Pi) +$ Glieder in $\mathfrak{P}^{e_{h+1}}$
	$\vdots$	$\vdots$	$\vdots$
	$\Pi^{e_{h+1}}(\cdots)\;\cdots$	$\Pi^{e_{h+1}}(\cdots)$	$e_{h+1} \Pi^{e_{h+1}-1} \mathfrak{g}_{\nu_h}(\{\beta\}, a, \Pi) +$ Glieder in $\mathfrak{P}^{e_{h+1}}$
$\nu_{h-1} - \nu_h$	$\Pi^{e_h}(\cdots)\;\cdots$	$\Pi^{e_h}(\cdots)$	$e_h \Pi^{e_h - 1} \mathfrak{g}_{\nu_h + 1}(\{\beta\}, a, \Pi) +$ Glieder in $\mathfrak{P}^{e_h}$
	$\vdots$	$\vdots$	$\vdots$
	$\vdots$	$\vdots$	
$\nu_1 - \nu_2$	$\vdots$		$\vdots$
	$\Pi^{e_2}(\cdots)\;\cdots$	$\Pi^{e_2}(\cdots)$	$e_2 \Pi^{e_2 - 1} \mathfrak{g}_{\nu_1}(\{\beta\}, a, \Pi) +$ Glieder in $\mathfrak{P}^{e_2}$
$\nu_0 - \nu_1$	$\Pi^{e_1}(\cdots)\;\cdots$	$\Pi^{e_1}(\cdots)$	$e_1 \Pi^{e_1 - 1} \mathfrak{g}_{\nu_1 + 1}(\{\beta\}, a, \Pi) +$ Glieder in $\mathfrak{P}^{e_1}$
	$\vdots$	$\vdots$	$\vdots$
	$\Pi^{e_1}(\cdots)\;\cdots$	$\Pi^{e_1}(\cdots)$	$e_1 \Pi^{e_1 - 1} \mathfrak{g}_{\nu_0}(\{\beta\}, a, \Pi) +$ Glieder in $\mathfrak{P}^{e_1}$.

Zusatz 1. Für die Elementarteiler $\varepsilon_1, \varepsilon_{m_1+1}, \ldots, \varepsilon_{m_h+1}$ gilt sogar (mit $m_0 = 0$):

$$\varepsilon_{m_i+1} \subseteqq \mathfrak{P}^{e_{i+1}} \quad \text{falls} \begin{cases} e_i = e_{i+1} & \text{oder} \\ \varepsilon_{m_j+1} = \mathfrak{P}^{e_{j+1}-1} & \text{für ein } j < i. \end{cases}$$
$$(i = 0, \ldots, h)$$

Ebenso gilt:

$$\varepsilon_{\nu_0+1} \subseteqq \mathfrak{P}^{e^*} \quad \text{falls} \begin{cases} e_{h+1} = e^* & \text{oder} \\ \varepsilon_{m_j+1} = \mathfrak{P}^{e_{j+1}-1} & \text{für irgend ein } j \; (0 \leqq j \leqq h). \end{cases}$$

Zusatz 2. Falls $p \neq e_1$ gilt $\varepsilon_1 = \mathfrak{P}^{e_1 - 1}$. (Wegen $\Pi^p \in PR^p \cap \mathfrak{P}$ ist $p \geqq e_1$, obige Voraussetzung ist also gleichbedeutend mit $e_1 < p$).

Beweis. Sei $\widetilde{PR^p \cap \mathfrak{P}} = (\{\bar{\pi}_\mu\})_{\widetilde{PR}^p}$ und $\bar{\mathfrak{n}}$ der Kern der Abbildung

$$\widetilde{PR}^p[Y_1, \ldots, Y_{\nu_0}, Y] \to \widetilde{PR}^p[a_1, \ldots, a_{\nu_0}, \Pi] = \widetilde{R}.$$

Durch geeignete Repräsentantenauswahl erreicht man, daß

$$\bar{\mathfrak{n}} = (Y_1^p - a_1^p, Y_2^p - a_2^p, \ldots, Y_{\nu_0}^p - a_{\nu_0}^p, \{\bar{\pi}_\mu - Y^{e_1} \bar{\mathfrak{h}}_\mu\}, Y^{e_\varrho}),$$

wobei die Polynome $\bar{\mathfrak{h}}_\mu \in \widetilde{PR^p}[Y_1, \ldots, Y_{\nu_0}, Y]$ und mindestens ein

$$\bar{\mathfrak{h}}_\mu(a_1, \ldots, a_{\nu_0}, \Pi) \notin \tilde{\mathfrak{P}}.$$

Sei ν die zu $\mathfrak{P}$ gehörige Exponentenbewertung. Da $p \in \mathfrak{p}$ gilt stets

$$\nu(p) \geqq e > e_1 - 1,$$

folglich ist der erste Elementarteiler des Moduls $M(\tilde{R}/\widetilde{PR^p})$ gleich $\tilde{\mathfrak{P}}^{e_1-1}$. $M(R/PR^p) = M(R/P)/p \cdot R\,d\,R$ hat also $\mathfrak{P}^{e_1-1}$ als ersten Elementarteiler. Da $p\,R\,d\,R \subseteqq \mathfrak{P}^e\,d\,R$ folgt die Behauptung nach Hilfssatz 1 durch Betrachtung der Identität

$$M\left(\frac{R}{P}\right)\Big/\mathfrak{P}^e\,d\,R \cong M\left(\frac{R}{P}\right)\Big/p\,R\,d\,R\Big/\mathfrak{P}^e \cdot \left(M\left(\frac{R}{P}\right)\Big/p\,R\,d\,R\right):$$

Der rechts stehende Modul hat $\mathfrak{P}^{e_1-1}$ als ersten Elementarteiler, folglich gilt dies auch für $M(R/P)/\mathfrak{P}^e d\,R$ und folglich auch für $M(R/P)$.

Satz 5. Falls einer der Körper $\mathfrak{k}\,\mathfrak{K}^{p^j}$ $(j \geqq h)$ über $\mathfrak{k}$ separabel erzeugt ist, folgt

$$\varepsilon_{\nu_0+1} \subseteqq (\mathfrak{P}^e, e\,\mathfrak{P}^{e-1}).$$

Beweis. Betrachte das Erzeugendensystem S_0 von M_0 (bzw. die zugehörige Koeffizientenmatrix). Für jedes λ ist $\frac{\partial f_\lambda}{\partial \beta_\lambda} + \Pi^{e_1} \cdot \frac{\partial \mathfrak{g}_\lambda}{\partial \beta_\lambda}$ Einheit in $\tilde{R}$ ($\mathfrak{k}\,\mathfrak{K}^{p^j}$ ist ja nach vorangegangenen Überlegungen über $\mathfrak{k}$ separabel erzeugt für *alle* $j \geqq h$).

Durch Addition von jeweils endlich vielen Vielfachen vorhergehender Erzeugenden von M_0 zur λ-ten Zeile erreicht man, daß an der Stelle des obigen Elements die *einzige* Einheit unter den in der λ-ten Zeile auftretenden Koeffizienten der dX_τ steht (transfinite Induktion).

Denken wir uns nun das System S_0 für alle $\lambda \in \Lambda$ auf diese Weise abgeändert, das entstehende neue Erzeugendensystem bezeichnen wir mit S_1. Die Elemente $A_\lambda \equiv dX_\lambda - (s_{\lambda j} dY_j + s_\lambda dY)$ des Systems ⊛ müssen sich aus den Erzeugenden des Systems S_1 linear kombinieren lassen. Ein Element dieses Systems tritt in einer linearen Darstellung von A_λ „wesentlich" auf, wenn es eine Einheit als Koeffizient von dX_λ besitzt und in der linearen Darstellung mit einem Koeffizienten auftritt, der Einheit in $\tilde{R}$ ist. In jeder Darstellung eines A_λ muß mindestens ein Element des Erzeugendensystems „wesentlich" auftreten, es kommen offenbar nur das λ-te Element und die ν_0 letzten Erzeugenden in Frage. Durch transfinite Induktion soll nunmehr folgendes gezeigt werden: Die erzeugenden Elemente der ersten Gruppe ($\lambda \in \Lambda$) des Systems S_1 können mit höchstens ν_0 Ausnahmen durch die entsprechenden Elemente A_λ ersetzt werden (d.h. jeweils das λ-te Element durch A_λ). Für die r übrigen A_λ $(r \leqq \nu_0)$ gilt: r Erzeugende der letzten Gruppe können gegen diese A_λ ausgetauscht werden. Damit ist offenbar der Satz bewiesen, da wegen $e_l \geqq e_h \geqq e_{h-1} \geqq \cdots \geqq e_1$ die Abschätzungen für $\varepsilon_1, \ldots, \varepsilon_{\nu_0}$ erhalten bleiben.

Sei nun λ fest und seien die Erzeugenden des Systems S_1 mit Indizes $j < \lambda$ bereits bis auf $r_\lambda \leqq \nu_0$ Stück durch die entsprechenden A_j ersetzt. Die r_λ übrigen A_j mit $j < \lambda$ mögen bereits an Stelle gewisser Elemente der letzten Gruppe des Erzeugendensystems S_1 stehen.

Wenn es eine Darstellung von A_λ als Linearkombination der Elemente dieses neuen Erzeugendensystems gibt, in der das λ-te Element „wesentlich" auftritt, kann dieses Element durch A_λ ersetzt werden. Sonst greife man eine feste Darstellung von A_λ heraus. Mindestens ein Element der letzten Gruppe muß „wesentlich" auftreten; die r_λ in die letzte Gruppe aufgenommen A_j kommen offenbar nicht in Frage (O als Koeffizient von dX_λ!)[1]. A_λ kann dann an Stelle eines „wesentlich" auftretenden Elementes der letzten Gruppe in das Erzeugendensystem aufgenommen werden, q.e.d.

Bemerkung. Die Voraussetzung von Satz 5 ist erfüllt, wenn $\mathfrak{K}$ über $\mathfrak{k}$ im Sinne von [*4*] endlich inseparabel ist.

Beweis. Nach Voraussetzung existiert eine Körperkette $\mathfrak{k} \subseteq T \subseteq S \subseteq \mathfrak{K}$ mit:

T rein transzendent über $\mathfrak{k}$, S separabel algebraisch über T, $\mathfrak{K}$ endlich inseparabel über S.

T hat wegen der Endlichkeit von $M(R/P)$ endlichen Transzendenzgrad über $\mathfrak{k}$, s. Bemerkung am Beginn von Abschnitt II.

Sei $T = \mathfrak{k}(\{t\})$. $\mathfrak{k}\,\mathfrak{K}^{p^m}$ liegt für ein gewisses m in S, ist also jedenfalls separabel über $\mathfrak{k}$. $\{t^{p^m}\}$ ist eine Transzendenzbasis dieser Körpererweiterung. Da jedes Element von $\mathfrak{k}\,\mathfrak{K}^{p^m}$ separabel algebraisch über $\mathfrak{k}(\{t\})$, folgt:

Jedes Element von $\mathfrak{k}\,\mathfrak{K}^{p^{2m}}$ ist separabel algebraisch über $\mathfrak{k}(\{t^{p^m}\})$ und damit die Behauptung nach [*5*], Prop. 10.

[1] Falls $r_\lambda = \nu_0$ kann dieser zweite Fall also nicht auftreten.

Satz 6 (Rangsatz). Für Char. $(\mathfrak{K}) = p > 0$ gilt:

$$\text{Rang } M\left(\frac{R}{P}\right) = \nu_0 = p\text{-Grad } (\mathfrak{K} : \mathfrak{k}) \quad \text{falls} \quad e_1 = 1,$$

$$\text{Rang } M\left(\frac{R}{P}\right) = \nu_0 + 1 \quad \text{sonst}.$$

Beweis. Folgt aus Satz 4 mit Zusatz 2. (Für $p = 0$ s. Folgerung zu Satz 3.)

Aus den Abschätzungen für die Elementarteiler folgen sofort entsprechende Abschätzungen für die Kählerschen Differenten

$$\vartheta_\nu = \varepsilon_1 \cdot \varepsilon_2 \cdot \cdots \cdot \varepsilon_{n-\nu+1}.$$

Außerdem folgt durch Vergleich von Satz 4, Zusatz 2 mit Satz 3 folgendes Kriterium:

Satz 7. Sei Char. $(\mathfrak{K}) = p > 0$. $\mathfrak{K}$ über $\mathfrak{k}$ separabel erzeugt, $e_1 \neq p$ und e nicht teilbar durch p. Dann ist $e_1 = e$.

Folgerung. (p teilt e nicht, $e > p$, $\mathfrak{K}$ über $\mathfrak{k}$ separabel erzeugt.)

$$\curvearrowright e_1 = p.$$

Literatur

[1] Kähler, E.: Algebra und Differentialrechnung. Bericht über die Mathematikertagung in Berlin 1953.
[2] Kunz, E.: Die Primidealteiler der Differenten in allgemeinen Ringen. Diss. Heidelberg 1959. Crelle Journal 1960.
[3] Berger, R.: Über verschiedene Differentenbegriffe. S.-B. d. Heidelberger Akad. Wiss., Jahrgang 1960.
[4] —, u. E. Kunz: Über die Struktur der Differentialmoduln von diskreten Bewertungsringen. Math. Z. 77, 1961.
[5] Dieudonné, J.: Sur les Extensions Transcendantes Séparables. Summa Brasiliensis Mathematicae, Vol. II, Fasc. 1, 1947.

Inhalt des Jahrgangs 1951:

1. A. Mittasch. Wilhelm Ostwalds Auslösungslehre. DM 11.20.
2. F. G. Houtermans. Über ein neues Verfahren zur Durchführung chemischer Altersbestimmungen nach der Blei-Methode. DM 1.80.
3. W. Rauh und H. Reznik. Histogenetische Untersuchungen an Blüten- und Infloreszenzachsen sowie der Blütenachsen einiger Rosoideen, I. Teil. DM 10.—.
4. G. Buchloh. Symmetrie und Verzweigung der Lebermoose. Ein Beitrag zur Kenntnis ihrer Wuchsformen. DM 10.—.
5. L. Koester und H. Maier-Leibnitz. Genaue Zählung von β-Strahlen mit Proportionalzählrohren. DM 2.25.
6. L. Heffter. Zur Begründung der Funktionentheorie. DM 2.30.
7. W. Bothe. Die Streuung von Elektronen in schrägen Folien. DM 2.40.

Inhalt des Jahrgangs 1952:

1. W. Rauh. Vegetationsstudien im Hohen Atlas und dessen Vorland. DM 17.80.
2. E. Rodenwaldt. Pest in Venedig 1575—1577. Ein Beitrag zur Frage der Infektkette bei den Pestepidemien West-Europas. DM 28.—.
3. E. Nickel. Die petrogenetische Stellung der Tromm zwischen Bergsträßer und Böllsteiner Odenwald. DM 20.40.

Inhalt des Jahrgangs 1953/55:

1. Y. Reenpää. Über die Struktur der Sinnesmannigfaltigkeit und der Reizbegriffe. DM 3.50.
2. A. Seybold. Untersuchungen über den Farbwechsel von Blumenblättern, Früchten und Samenschalen. DM 13.90.
3. K. Freudenberg und G. Schuhmacher. Die Ultraviolett-Absorptionsspektren von künstlichem und natürlichem Lignin sowie von Modellverbindungen. DM 7.20.
4. W. Roelcke. Über die Wellengleichung bei Grenzkreisgruppen erster Art. DM 24.30.

Inhalt des Jahrgangs 1956/57:

1. E. Rodenwaldt. Die Gesundheitsgesetzgebung des Magistrato della sanità Venedigs 1486—1550. DM 13.—.
2. H. Reznik. Untersuchungen über die physiologische Bedeutung der chymochromen Farbstoffe. DM 16.80.
3. G. Hieronymi. Über den alternsbedingten Formwandel elastischer und muskulärer Arterien. DM 23.—.
4. Symposium über Probleme der Spektralphotometrie. Herausgegeben von H. Kienle. DM 14.60.

Inhalt des Jahrgangs 1958:

1. W. Rauh. Beitrag zur Kenntnis der peruanischen Kakteenvegetation. DM 113.40.
2. W. Kuhn. Erzeugung mechanischer aus chemischer Energie durch homogene sowie durch quergestreifte synthetische Fäden. DM 2.90.

Inhalt des Jahrgangs 1959:

1. W. Rauh und H. Falk. Stylites E. Amstutz, eine neue Isoëtacee aus den Hochanden Perus. 1. Teil. DM 23.40.
2. W. Rauh und H. Falk. Stylites E. Amstutz, eine neue Isoëtacee aus den Hochanden Perus. 2. Teil. DM 33.—.
3. H. A. Weidenmüller. Eine allgemeine Formulierung der Theorie der Oberflächenreaktionen mit Anwendung auf die Winkelverteilung bei Strippingreaktionen. DM 6.30.
4. H. Ehlich und M. Müller. Über die Differentialgleichungen der bimolekularen Reaktion 2. Ordnung. DM 11.40.
5. Vorträge und Diskussionen beim Kolloquium über Bildwandler und Bildspeicherröhren. Herausgegeben von H. Siedentopf. DM 16.20.
6. H. J. Mang. Zur Theorie des α-Zerfalls. DM 10.—.

MIX
Papier aus verantwortungsvollen Quellen
Paper from responsible sources
FSC® C105338

If you have any concerns about our products,
you can contact us on
ProductSafety@springernature.com

In case Publisher is established outside the EU,
the EU authorized representative is:
Springer Nature Customer Service Center GmbH
Europaplatz 3, 69115 Heidelberg, Germany

Printed by Libri Plureos GmbH
in Hamburg, Germany